1 建筑思想

风水与建筑
礼制与建筑
象征与建筑
龙文化与建筑

2 建筑元素

屋顶
门
窗
脊饰
斗栱
台基
中国传统家具
建筑琉璃
江南包袱彩画

3 宫殿建筑

北京故宫
沈阳故宫

4 礼制建筑

北京天坛
泰山岱庙
闾山北镇庙
东山关帝庙
文庙建筑
龙母祖庙
解州关帝庙
广州南海神庙
徽州祠堂

5 宗教建筑

普陀山佛寺
江陵三观
武当山道教宫观
九华山寺庙建筑
天龙山石窟
云冈石窟
青海同仁藏传佛教寺院
承德外八庙
朔州古刹崇福寺
大同华严寺
晋阳佛寺
北岳恒山与悬空寺
晋祠
云南傣族寺院与佛塔
佛塔与塔刹
青海瞿昙寺
千山寺观
藏传佛塔与寺庙建筑装饰
泉州开元寺
广州光孝寺
五台山佛光寺
五台山显通寺

古城镇

中国古城
宋城赣州
古城平遥
凤凰古城
古城常熟
古城泉州
越中建筑
蓬莱水城
明代沿海抗倭城堡
赵家堡
周庄
鼓浪屿
浙西南古镇廿八都

7 古村落

浙江新叶村
采石矶
侗寨建筑
徽州乡土村落
韩城党家村
唐模水街村
佛山东华里
军事村落—张壁
泸沽湖畔“女儿国”—洛水村

8 民居建筑

北京四合院
苏州民居
黟县民居
赣南围屋
大理白族民居
丽江纳西族民居
石库门里弄民居
喀什民居
福建土楼精华—华安二宜楼

9 陵墓建筑

明十三陵
清东陵
关外三陵

10 园林建筑

皇家苑囿
承德避暑山庄
文人园林
岭南园林
造园堆山
网师园
平湖莫氏庄园

11 书院与会馆

书院建筑
岳麓书院
江西三大书院
陈氏书院
西泠印社
会馆建筑

12 其他

楼阁建筑
塔
安徽古塔
应县木塔
中国的亭
闽桥
绍兴石桥
牌坊

中国精致建筑100

应县木塔

李世温 韦庆玲 撰文/李瑞芝 摄影

中国建筑工业出版社

出版说明

中国是一个地大物博、历史悠久的文明古国。自历史的脚步迈入新世纪大门以来，她越来越成为世人瞩目的焦点，正不断向世人绽放她历史上曾具有的魅力和光辉异彩。当代中国的经济腾飞、古代中国的文化瑰宝，都已成了世人热衷研究和深入了解的课题。

作为国家级科技出版单位——中国建筑工业出版社60年来始终以弘扬和传承中华民族优秀的建筑文化，推动和传播中国建筑技术进步与发展，向世界介绍和展示中国从古至今的建设成就为己任，并用行动践行着“弘扬中华文化，增强中华文化国际影响力”的使命。从20世纪80年代开始，中国建筑工业出版社就非常重视与海内外同仁进行建筑文化交流与合作，并策划、组织编撰、出版了一系列反映我中华传统建筑风貌的学术画册和学术著作，并在海内外产生了重大影响。

“中国精致建筑100”是中国建筑工业出版社与台湾锦绣出版事业股份有限公司策划，由中国建筑工业出版社组织国内百余位专家学者和摄影专家不惮繁杂，对遍布全国有历史意义的、有代表性的传统建筑进行认真考察和潜心研究，并按建筑思想、建筑元素、宫殿建筑、礼制建筑、宗教建筑、古城镇、古村落、民居建筑、陵墓建筑、园林建筑、书院与会馆等建筑专题与类别，历经数年系统科学地梳理、编撰而成。本套图书按专题分册，就其历史背景、建筑风格、建筑特征、建筑文化，结合精美图照和线图撰写。全套100册、文约200万字、图照6000余幅。

这套图书内容精练、文字通俗、图文并茂、设计考究，是适合海内外读者轻松阅读、便于携带的专业与文化并蓄的普及性读物。目的是让更多的热爱中华文化的人，更全面地欣赏和认识中国传统建筑特有的丰姿、独特的设计手法、精湛的建造技艺，及其绝妙的细部处理，并为世界建筑界记录下可资回味的建筑文化遗产，为海内外读者打开一扇建筑知识和艺术的大门。

这套图书将以中、英文两种文版推出，可供广大中外古建筑之研究者、爱好者、旅游者阅读和珍藏。

目录

应县木塔

图0-1 峻极神工匾/上图

悬于五层外檐下正面，明永乐四年（1406年）明成祖朱棣北征，驻跸塔上，亲笔御书。

图0-2 释迦塔牌（三层南面）/下图

为一竖形华带牌，牌长2.65米，宽1.7米，上有牌首横带，两侧有垂带，下有牌舌，首、垂、舌带均作云纹状，向前斜置。中书“释迦塔”三个大字，气势恢宏，从远处即可看清塔的名称，此牌金明昌五年(1194年)立，由昭信校尉西京路盐使判官王瓛书。悬于木塔三层外檐下正面，位置恰当塔身中部。此牌上尚有历代修塔，妆牌的记载，题记六次共250字。

在我国晋北大地上，前人留下了众多的宗教胜迹，其中有佛教四大名山之一的五台山，有三大石窟之一的云冈石窟，有中国现存最早的木构建筑南禅寺，还有就是规模最大、高度最高、历史最久的木构佛塔——应县佛宫寺释迦塔，或称应县木塔、应州塔。

应县木塔创建于辽清宁二年（1056年），至今957年，历经沧桑，仍显示其挺拔苍劲，物茂风华。塔外形呈6檐5层，内部有4个暗层合为9层，高度达63.71米。平面为正八角形，底层直径30.27米，木塔层层叠架，栱昂刚劲，雕栏回绕，格牖玲珑，飞檐深邃，椽飞齿列；宏伟中透出俊秀，庄重中显示挺拔，在一望无际的平原上，几十里外即可看到其高峻浑厚的身影，气势非凡，令人百看不厌。

木塔的建造时代，是处于中国建筑文化相当成熟的时期；南北交融，多民族荟萃，海内外相鉴，已经形成了自己的独特风格、形制和精湛的技术。但其所在的地域，却是长期处于战乱频仍、民力匮乏的地区。在这种矛盾条件之下，木塔在这短暂的稳定时期，可以想见是克服了许多困难才完成的。它的建成，在中国建筑史上留下了巨大的足迹。

木塔作为宗教建筑，其高峻程度、宏伟雄姿、空间布局等方面，在我国佛塔中均处于领先地位，而其结构构造、建造难度及施工技巧方面又表现出独特的创造。故古人誉之为“峻极神工”。将木塔与同时代发达地区的一些著名宗教建筑来比较，木塔在文化内涵、体形比例、艺术处理、表现能力等方面都独具特色，它是中华建筑文化的瑰宝，也是世界建筑的奇迹。

图0-3 木塔正面近景/上图

图0-4 木塔北面近景/下图

一、第一浮图

佛塔在中国大地上星罗棋布，而应县木塔是中国众多佛塔中的一朵奇葩。

塔起源于印度，梵文称“窣堵坡”，或称“浮图”。据佛经说塔是埋葬佛舍利的建筑，释迦牟尼死后，尸体火化，得舍利建塔供奉，当时有八大灵塔。作为一种宗教纪念性建筑，以后又兴起一种名为多宝塔，安置多宝如来金身。随着佛教的发展，在各地大量建造了佛塔。

中国最早的佛塔，是东汉永平十年（公元67年）西域僧迦叶摩腾和竺法兰来到洛阳，白马驮经传播佛法，朝廷在洛阳为其建白马寺，寺中主要建筑为一方形木塔。据《魏书·释老志》：“自洛中构白马寺，盛饰浮图，画迹甚妙，为四方式，凡宫塔制度，犹依天竺式样而重构之。”当时还是仿造印度塔。在随后的建塔过程中，则结合中国的情况逐步发展为具有中国特色的塔。最早的中国式塔是在重楼的顶部加上一个微型的“窣堵坡”，即形成高层楼阁上加塔刹的特点。到东汉末年（188—193年），笮融在徐州建浮屠祠（即浮图的异译），文字记载有“……垂铜盘九重，下为主楼阁道，可容三千余人”（《三国志·刘繇传》）。说明规模宏大，并已出现九重铜制相轮的塔刹和重楼阁道的塔身，初具中国式塔的特色。经东汉、三国、两晋、南北朝至隋、唐，由于佛教的广泛传播和建筑技艺的日益提高，佛塔的形式也不断推陈出新，出现了多种形式。塔的平面由方形转为八角形和多边形，

a

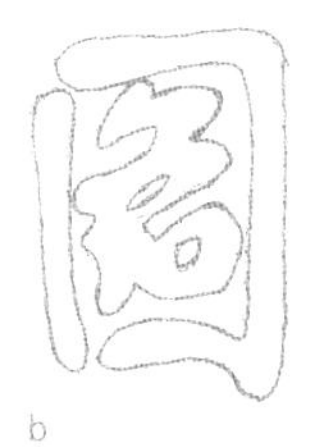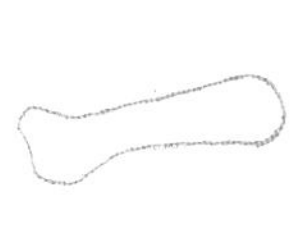

b

图1-1 第一浮图匾和匾字

此匾原悬于三层内槽北面，清康熙六十一年立，原书写人名漫漶不清，现此匾已毁坏无法复原，此处系根据过去照片描勾出的。

图1-2 登塔远眺

在塔上倚栏远眺，近处市井，远处田野，极目长望，广阔舒展。

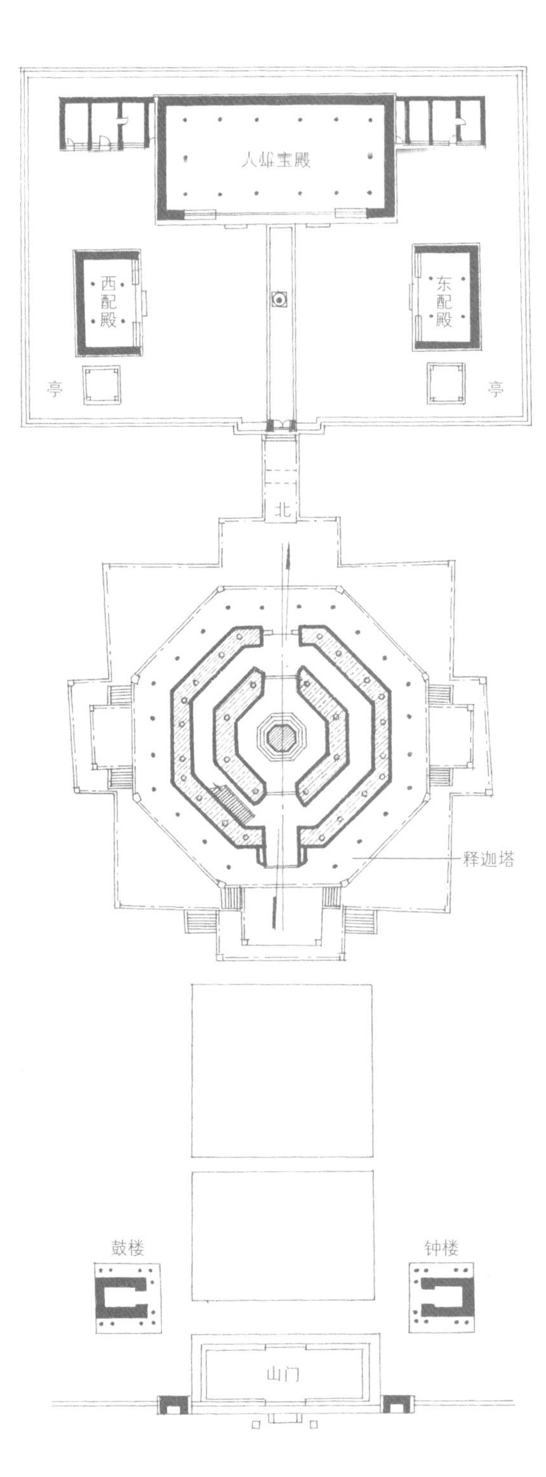

图1-3 山西应县佛宫寺现状总平面图

图1-4 登塔俯览

增强了周边稳定性；其高度也逐渐提高。造塔的材料也由耐久性较差的木材，发展为砖石材料。

唐以前的木塔在国内现已无存。在日本、朝鲜尚保存了几座，如奈良法隆寺五重塔等。当时建造木塔的方法，是在塔的中心先立一根木柱，由地面直至塔刹，塔的各层都和这根中心柱连接在一起，这种做法称为刹柱式。宋代的木塔已不再用中心柱的做法，而创造了新型环柱结构，既解决了中心柱对高度的限制，又使得塔内有更大的活动空间。如宋开封的开宝寺塔，据《佛祖统记》所载："端拱二年（989年）开宝寺建宝塔成，八隅十一层三十六丈……塔为杭州塔工喻皓所造，凡八年而毕……"，可惜这座著名的宝塔没有保存下来，但在建筑史中却保留了喻皓建塔的故事：“开宝塔在京师诸塔中最高，而制度甚精，都料匠预皓（即喻皓）所造也。塔初成，望之不正而势倾西北。人怪而问之，皓曰：京师地平而无山，多西北风，吹之不百年当正也。其用心之精盖如此。国朝以来木工一人而已，至今木工皆以预都料为法”（《归田录》）。由此可见宋时建塔已积累了相当丰富的经验，建造技术更加精湛。但由于木材的耐久性差，容易腐朽，更属于易燃材料，容易焚毁，为保存久远，砖石塔或砖石与木材合建的塔逐渐取代了木塔。现存全部由木材建造的只有应县木塔。砖石塔由于材料性质的限制，不可能形成内部宽阔的活动空间，没有宽大的门窗、深远的出檐，也没有挑出塔身的平座，不能形成各层周围廊道，以供游人登塔览胜，远眺山川景色。由于应县木塔在许多方面独领风骚，故古人赞为“第一浮图”。

二、天柱地轴

中国早期的塔是佛教寺院中的主体建筑，寺院布局以塔为中心，四周环以廊庑，塔后建殿。这种布局是承袭了东汉白马寺的形制，自汉至南北朝，基本未变。如《洛阳伽蓝记》中对永宁寺的描述："永宁寺，熙平元年（516年）灵太后胡氏所立也……中有九层浮图一所，构木为之，浮图北有佛殿一所，形如太极殿……"，说明当时以塔为主，殿在塔后。自隋、唐开始，佛教建筑的布局逐渐改变，形成了以佛殿为主，塔建于寺后、寺旁或另建塔院。隋末唐初律宗创始人道宣（596—667年）所制的《戒坛图经》即是以佛殿为主的布局。到了宋代，禅宗寺院更发展成为伽蓝七堂制度，即佛殿、法堂、僧房、库橱、山门、西净、浴室，形成了中国特色的殿堂、院落式布局。唐以前以塔为中心的寺院建筑，国内已经难以寻找，但从传入日本的佛寺布局中还可看到，如日本的飞马寺和四天王寺，即是中心建塔，四周廊庑，塔后建殿的格局。唐以后的佛寺仍有少数以塔为中心，塔在寺的前部，佛殿居于塔后。如内蒙古巴林右旗庆州白塔（辽）、应县木塔和山西浑源县圆觉寺释迦塔（金）等，成为国内仅存的以塔为中心建寺的例证。

应县佛宫寺是以木塔为中心的布局，在寺院的中轴线上，建立了三个主要建筑——山门、塔、大殿。现在只有塔尚完好，山门仅存台基，大殿只有砖台是原状，台上建筑都与原状不大相同。古建筑专家陈明达对此进行了研究，提出了复原图。从图中可以看出：当塔的

图2-1 天柱地轴匾

该匾悬挂于第一层外檐下南面

高度及各层出檐深度已经确定后，山门与塔的距离是以站在山门后檐柱的中间抬头可以看到塔刹的莲花座而定出的，再向内移就看不到刹座了。按现在的山门台基的进深，站在山门外台阶之下的甬道中央，在夜间抬头观看塔刹的顶尖，恰好与北极星连在一起，整个星空似乎都是以塔刹顶为轴旋转；如果山门再向外移，这种效果，就不会出现。故古人称木塔为“天柱地轴”。

根据现有的木塔台基尺寸来看，在月台范围内抬头观塔，各层瓦屋面均看不见，只见木塔苍劲雄伟的木构特点。从月台边缘向外移动，则各层瓦顶依次出现。再从木塔北面副阶檐柱中间观看后面大殿，则现有距离恰好是能看到复原图上大殿全貌的最短距离。这种空间构图，表达了建造者的设计意图是以最短距离和最少用地取得最佳观赏效果。在寺庙建筑的序列上，也充分表现了建筑物的主次关系：塔是主体，首先选定塔的高度和体形，然后按北极星的仰视角和塔刹部分的视角差来决定山门的宽度和塔与山门的距离；塔后大殿是先定了塔与大殿的距离，再按要求的视角差异来选定其高度，这一相关的尺寸选择和“法式”尺寸的匹配，是用三个建筑物的底面标高来进行调整，其效果达到了最佳。在总平面布置上，

图2-2 木构本色/对面页

站在月台边，仰视木塔，在视野内不见瓦顶，展现出全部木构本色，浑然一体，古朴重厚，万木较劲，呈现出坚毅苍老、积健为雄的性格。

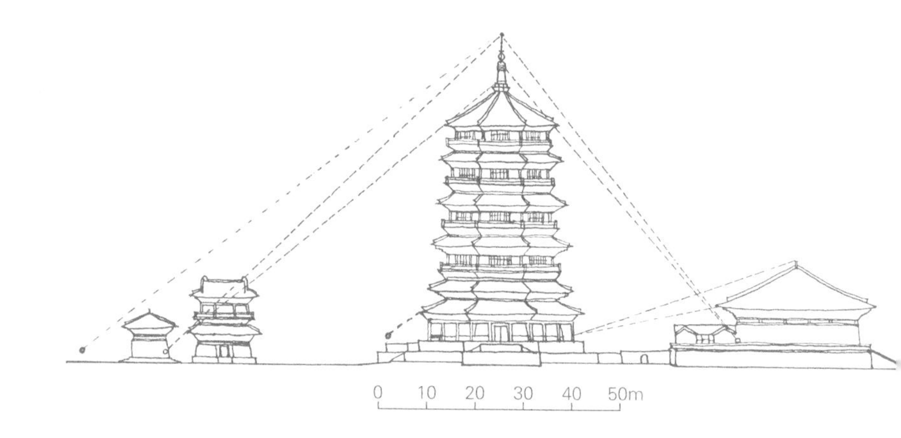

图2-3 佛宫寺木塔空间布局（据陈明达先生分析）

塔前空间采用狭长形。由山门内檐柱至塔门檐柱间的距离为55.5米，而钟鼓楼间距离约为31米，庭院纵横比为1.79。原来在庭院东西两侧尚有东西禅堂六楹及客房两座，均为低矮房屋，现已无存。这样就形成两侧低矮而正面高大的建筑对比，狭长前庭更加突出塔身的雄伟，进山门后令人立即产生肃穆庄严的宗教气氛。塔与后殿之间的空间布局，则采用纵向紧凑、侧向开放的手法。大殿砖台至塔后檐柱距离21.75米，再加大殿前台宽共约33.6米，而砖台东西长为60.41米，空间纵横比为0.557，和塔前庭院的纵横比约互为倒数。这种有趣的几何布置在意境上显示高大塔身对大殿的屏障，而左右两侧开放，可以远收山川美景，形成大殿超脱尘世而远通自然，增强了佛教出世的意念，是体现其建筑功能的高超做法。当处在这前后庭院之中品玩感受时，不能不惊叹建造者构思的巧妙。

三、仰之弥高

木塔内部各层组成活动空间，在适应宗教活动的需要方面展示了良好性能。各层的平面布置分为内槽、外槽和挑出的回廊三部分：内槽是安置塑像的场所，形成各层的功能中心，是一个静态的核心区；外槽是人流活动的地方，也是本层动态的主体，这个主体围绕着静态的核心，既可周匝回转，又可上下沟通，体现了心中有佛、步步登天的佛教理想。从外槽通过四面的门可走到挑出的回廊上，极目遥望，美景广阔，青天白云，远山近树，使人萌生回归自然之想；塔内香烟缭绕，磬鱼声声，则启发内心皈依之念。这内外环境的差异和衔接，仿佛是启迪人们萌发佛教静心出世的意念。而且每上一层，中心塑像的坛座高度减低一点，外部回廊上的远眺范围更扩大一些，使人感到更接近佛祖的极乐世界。

首层的布置也分为三个范围：即内槽、外槽及副阶，但处理手法与上层不同，是用两重厚墙来分隔这三部分。首层的高度最大，形成内槽及外槽空间狭而高、光线不足。内槽中塑造了一个高达11米的大佛，占满了内槽空间，只在前后两面开有高狭的门。为了能仰视佛像整体，将入口大门向外推到副阶柱列上，在佛像面前形成一间门厅，突出了正面入口的地位。当正门开启时，南面的光线射入，经地面及墙面的反射，使佛像面部清晰。这些建筑学的成功处理，不能不使参观的人感受这一伟大建筑的魅力。

图3-1 仰之弥高匾

悬于三层塔内外槽北面，清乾隆壬寅年（乾隆四十七年，1782年），应州捕厅毛口题（原匾字迹已漫漶不清，按早期照片翻拍）。

图3-2 底层释迦佛像

在底层内槽门内有一尊高约11米的释迦佛塑像，结跏趺坐于莲台之上，头部螺髻，身着袈裟，宽衣博带，面目端庄，神色慈悲，面部、袒胸及手均为金色，唇上绘有胡须。在狭窄而且光线不足的空间里，静静地坐着这尊高大的佛身，俯视着人间万象，让人产生敬畏的感觉，展示出宗教建筑艺术的魅力。

图3-3 塔内各层外槽

塔内各层均有一宽广的外槽，形成一个游人的活动区。在塔的内槽是安置佛像的静态的核心区。内外槽之间用半截栏杆遮挡，形成半虚半实的界限。

图3-4 挑出的回廊及外檐槅扇

木塔各层均向外挑出回廊，外施栏杆，内用槅扇与塔内分隔。既可环绕巡行，又可凭栏望远。

图3-5 木塔身立面/对面页

木塔立面下段包括双层台基、副阶围墙及环周柱，两层重檐。深沉中加以变化，是以实为主的凝练的基调，充分表达了巨大宝塔的庄重稳定。

木塔内槽内切圆直径由12.94米逐层缩小到11.64米，槽中坛座宽则由5.24米逐层扩大到6.55米，每升高一层，游人和佛像接近一点。而内槽的高度为本层高度和上层平座高度之和，由8. 85米到7.78米，在各层佛像的上部，有很大的空间，可以由上层外槽向此空间悬挑张挂各种旗幡缨带，衬托气氛。而各边的内槽面的下部，在柱高范围内，形成优美的框景，可以从各个方位观赏槽内佛像，绕行一周，则塑像的仪容会以不同角度映入人们的眼中，形成动态的联想。柱间用半截栅栏遮挡，减少对静态区的干扰。内槽面的上部则施以斗栱，相对下部栅栏，组成生动的实部，利用托、挑、悬、空，显示其稳定、刚劲，同时在

图3-6 木塔身立面的上段
包括五层平座，五层明层，瓦顶及塔刹。由塔主体的虚实变化，过渡到宽大的瓦顶，逐渐收拢到塔刹底部，又升出了一连串的精细刹件，将整体建筑由高大而渐收于一点，既突出了塔的高耸，又表现了节奏的变化。

图3-7 五层佛像顶上的藻井彩绘

各层的几个主要面上悬挂横匾，弘扬佛法，指点迷津。为了达到内槽立面的虚实对比，表现其建筑意境，将各层外槽的宽度，作了恰当的布置，使得在塔内对内槽面的最小高低视角能保持在50° 左右，既赏心悦目，又不感疲劳。

各层由下而上平面尺寸逐层内缩，空间大小逐层递减。这样做法在结构上有三个好处：一是各层内外槽柱均向中心略作倾斜，使整个构架向内收拢以保证稳定；二是上层柱的根部中心不对准下层柱的柱头中心，而是向内移约1/4柱径，这样便减少了下层梁枋向外张拉的作用；三是自下而上各层斗栱挑出长度逐层减小，相应于各层承受重量的递减，起到减少柱身歪闪的作用。

经过这样处理，在塔的外观上自然而然地形成一条柔和美观曲线，显示出立面处理的特点。中国古代匠师传统做法，平面分槽之后“定侧样”，即从剖面入手设计，程序为选择用材等级和梁栿制度，然后是选择柱高，确定铺作制度，最后选定屋顶形制及举折，逐步配制细部。由于制度有标准，故调整变更必须全面谐调，否则牵一发动全身。而如此巨大复杂的工程，总体布置更必须胸有全局。

面阔是立面的基数。各层面阔对应内槽边宽及进深，形成三开间的格局，明间和次间宽度的比例接近优选比0.618。而各层立面上都分为四带，即平座斗栱带、檐柱带、檐柱斗栱带和瓦顶屋脊带，四带的投影高度比为

图3-8 应县木塔剖面图

0.33：0.67：0.57：0.36；凸凹相间，虚实对比，特别在不同角度的阳光照射下，阴影变化，仪态万千。在首层由于包有厚墙，又增加了一周副阶，施以重檐，更显出塔身的稳定和韵律。

塔的高度为67.31米，立面总体可划分为三段，下段由基台、底层到重檐上脊线，约为总高的0.27；中段由重檐的脊线到四层檐的脊线，约为总高的0.38；从四层脊线到塔刹顶为上段，占总高的0.35。

下段以实为主，实体中又有变化。正面投影面阔九间，十柱分列，内衬红色粉墙，墙下一条清水砖墙裙带。下段的上部是两重檐，檐上瓦顶每层四道垂脊，檐口以下各夹置一层斗栱；其下部则是两层石砌高台，上台为八角形平面，下台为方形平面，并在四面各加突出的月台，月台两侧各列台阶。整个下段共有七层，在石台及瓦顶的灰色条带中，夹有苍劲的木质本色和红墙带，虚实轻重相间配置。在阳光下，显亮的灰色实体，衬托着阴影罩盖的暗色廊带，仿佛是一部乐章的起始，在深沉中加以变化，表现出开阔而凝练的基础旋律。这充分表达了建筑的力度和孕育着的变化，体现出静态的建筑美，同时也包含着动态的韵律。

中间一段以三层楼阁组成，每层由平座斗栱及勾栏、柱间门窗、柱上斗栱和屋檐四带相叠，如此重复三次，每次的面阔和高度都有变化。这十二个层次的变化，如同音乐的旋律，

图3-9 应县木塔立面图（据陈明达先生分析）

步步提升，造成优雅的动势，将人的视觉逐步引向那崇高的顶点。特别是每当旭日初升或夕阳西下时，那挑出深远的层檐，在玫瑰色的光照中投下的巨大阴影，将整座宝塔罩在如同神话般的氛围中，发人遐思。

上段处于塔的顶部，其下部的三个带，虽然重复了中段三层的韵律，但上部有宽大的瓦顶，改变了虚实对比；瓦顶的实面还形成了下面阁楼和上部塔刹的过渡；作为艺术品，应将阁楼、瓦顶、塔刹作为一体来欣赏。攒尖瓦顶和下面的重檐瓦顶上下呼应，使人感受到整体的端庄凝重；而与各层楼阁相连，又使人产生动态变化的美学感受。当瓦顶逐渐收拢到塔刹底部的莲花座处，好像乐曲逐渐低沉；但莲花座上又升出仰莲、覆钵、相轮、火焰、仰月及宝珠等一串精细艺术处理的刹件，体形逐渐缩小，直刺云天，既突出了塔的高耸，又显示佛塔特点，接承穹宇传来的佛国嘉音，是大千世界与佛国净土通途的象征。作为建筑艺术，则为整体建筑由高大而渐收于一点，给人以更多的回味，仿佛乐曲的余音绕梁。

古建筑专家陈明达曾对木塔的立面构图作过分析，发现在立面构图上与几何规律有密切的关系。如第三层柱头的通面阔为A，则塔高为$7\,^{5}/_{8}$A，而三层的柱头间八角形平面内切圆直径为2.415A，塔高恰好是它的π倍，也就是塔高正和该内切圆周相等。又自塔下八角形台基底至五层檐口左右交叉相连，则两线交点正好处于三层中部，自此交点至八角形台基底

图3-10 应县木塔立面构图分析图（据陈明达先生分析）

与自此交点至塔刹顶高度之比，恰为1：$\sqrt{2}$。同时以此交点为圆心，以交点至八角形台基底为半径作一圆，和以此交点至塔刹顶为直径作一圆，两圆交点的连线正好处于五层檐口，而五层檐口与塔刹连线，也恰好平行于五层檐口与八角台基底边的连线。这一些几何规律的组合，使高度的平面尺寸的比例协调，从而获得了有节奏的外形轮廓。这一构图分析对研究古建筑的艺术特点是很有启发的。

从塔的功能和艺术处理上，可以看到古代匠师的成就，也为人们的欣赏提供了丰富的内容，显示了建筑美的永恒，难怪古人颂为“仰之弥高”。

图3-11 塔刹示意图

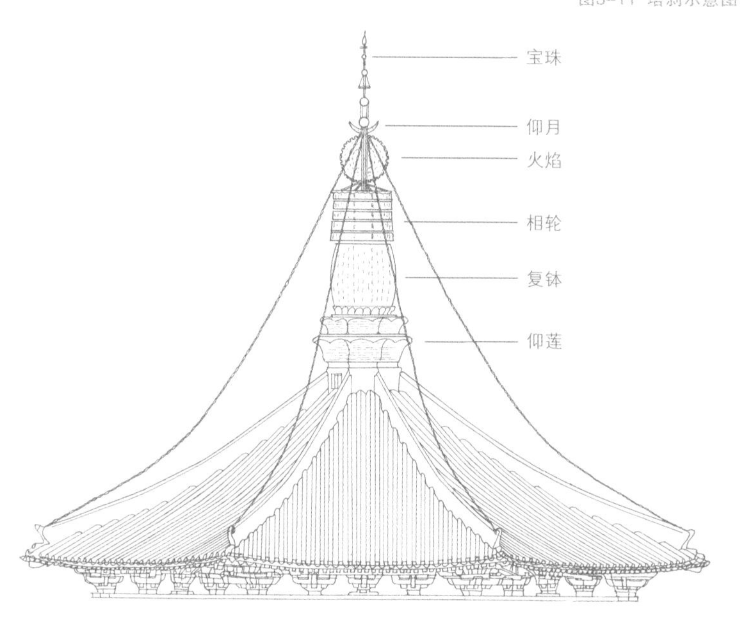

四、毗卢真境

木塔称为释迦塔，塔内供奉释迦佛像。释迦是佛教的创始人释迦牟尼，意思是释迦族的圣人。佛是佛陀的简称，佛陀即大觉大悟者，佛经中说“一切众生，皆有佛性，有佛性者，皆得成佛”。释迦佛为今世佛，在佛教各宗派中，佛的形象不尽相同，但本尊主像均为释迦佛。木塔供奉的塑像分在五个明层中，另有壁画多幅，其位置及内容都各有特色。

首层内槽门内有一尊高约11米的释迦佛塑像，结跏趺坐于莲台之上，头上为螺髻，身着袈裟，面容端庄，神色慈悲善良。面、胸及手均为金色，大门开启，射进阳光，经过门厅地面的反射，金身部位映照清晰。在比例狭高的内部空间，暗黑的背景增强了佛像的巨大感觉，艺术效果极佳。特别是在夏季，外部炎热而塔内阴凉，此时阳光射入角较高，门厅地面的反射也少，在强烈阳光下进入塔内，由于光线和温度的反差，更加重了感觉上的反差，唤

图4-1 毗卢真境匾
悬于五层内槽东南面，清嘉庆十八年（1813年，太谷成顺二等立）。

图4-2 四层佛像

四层内槽设方形坛座，座上有七尊塑像，主尊为释迦佛坐像，两侧伫立着两尊胁侍菩萨，似为阿难、迦叶；前部左右两尊西为文殊，坐于狮驮莲座上；东为普贤，坐于象驮莲座上，在狮象里侧塑牵狮童子撩蛮及牵象童子佛林，布置畅朗，塑像高低有序，四周光线充足，极易唤起游人对佛像的亲切和蔼感觉。

起了对佛像的敬畏。而在冬季一方面感觉反差减小，另一方面阳光射入深，反射较多，佛像前明亮加大，增加了慈祥亲和的感觉。

当眼睛逐步适应了暗淡光线后，映入眼帘的是佛像顶上的藻井，藻井为八脊苍穹，分为两栏十六格，格中拼成六出龟纹或方格纹，加以彩绘，极为华丽。佛像下部为八角形莲座，莲座高1.9米，分上下两段，上段由三层莲花瓣组成，一周24瓣，每瓣彩绘佛像一尊，各瓣均勾边涂色。下段为八角形坛座，叠涩束腰，每角立一壶门柱子，其外塑一力神托负莲座，这八个力神塑造生动，形象极佳，是泥塑上品；壶门内镶板上绘各种龙图，每边又有缠龙柱一

图4-3 三层莲座上佛像之一
三层内槽八角形坛座上有四尊结跏趺坐式佛像，为四方佛，图为其中一尊。

图4-4 二层胁侍菩萨/对面页
二层内槽方形坛座上有五尊塑像三坐二立，图为本尊释迦佛像旁的胁侍菩萨像。

图4-5 五层菩萨坐像

五层内槽方形坛座上有九尊塑像，中心为本尊毗卢佛坐像，前后左右有八尊结跏趺坐式菩萨像，图为其中一尊。

图4-6 底层内槽南门口东侧壁画中的天王像

底层内槽南门口两侧，由内槽的厚壁围墙端部形成八字墙，墙上有壁画。西侧上部为阿难像，下部黑色框内为天王像；东侧上部为迦叶像，下部黑色框内为天王像。图为东侧下部壁画中的天王像。

条。内槽前后开门，其余六面壁上各绘释迦如来像。

由于首层内外槽均狭小，与佛像相配合的布置，则采用了壁画处理。

在南门前厅的左右两壁，绘有两护法金刚。在内槽南门西侧壁的上部绘有大弟子阿

图4-7　底层内槽南门额照壁板上西侧女供养人板画

底层内槽南门额照壁板上板画共有三幅，为三女供养人，年龄各异，均头戴花冠，身披彩带，手托平盘，衣饰绚丽华贵。经史学专家考证，此三位女供养人应为辽代三位皇后：东侧为圣宗钦爱皇后，中间为道宗宣懿皇后，西侧为兴宗仁懿皇后。这三位皇后均为萧氏家族，钦爱皇后是仁懿皇后的姑姑，而宣懿皇后是仁懿皇后的侄女，一门三后，显极一时，故将此三人置于木塔最显要之处——南门额上。此板画当绘于辽道宗朝，因而宣懿辈分最小，却居于中间。

图4-8　底层内槽南门额照壁板上中间女供养人板画

图4-9 底层内槽南门额照壁板上东侧女供养人板画

图4-10 底层内槽北门额照壁板上东侧男供养人板画

底层内槽北门额照壁板上板画三幅，为三男供养人，均身着大绅长袍，头戴幞巾或翅冠，手捧盘盏，恭敬侍立。据史学专家考证，中间为辽封晋国王萧孝穆，东侧为陈王萧知足，西侧为齐王萧无曲，可谓“一家三王”。

图4-11 底层内槽北门额照壁板上中间男供养人板画

图4-12 底层内槽北门额照壁板上西侧男供养人板画

图4-13 底层佛像座下八扛莲花座的力神塑像之一/左图
底层释迦佛座下八角莲花座旁塑有八个扛座力神像，塑造生动，奋力虔诚，形象极佳，是泥塑上品。

图4-14 力神塑像面部/右图

难，下部黑色框内为天王像；东侧壁的上部绘有头陀第一的弟子迦叶（即摩诃迦叶），下部黑色框内为天王像。在内槽北门东、西侧壁的里侧上下绘有四天王像，外侧所绘可能是护法金刚，如此则配齐了四天外将和护法，也给释迦佛左右侍立弟子安排了位置。另外还有六个供养人，则分别绘于内槽南北门的门额照壁板上，南门上为三女供养人，头戴花冠，身披彩带，手托平盘，盘中为供养物；北门上为三男供养人；大绅长袍，头着幞巾或翅冠，手持盘盏，恭敬侍立。

二层内槽设有方形坛座，座上有五尊塑像，三坐二立。主像为本尊释迦佛，结跏趺坐于莲花座上，身着袈裟，袒胸跣足，双手平置腿上。两侧分列四尊菩萨，前部两尊均坐于莲座上，从莲座下所塑坐骑知西为文殊，东为普贤；普贤双手置于腿上，文殊右手上指，似正在谈论。在本尊像两侧伫立着两尊胁侍菩萨，坛座上布置畅朗，佛像高矮有序。二层明层光线充足，使人对佛像的感觉由敬畏向可亲可近转换。二层的上下楼梯口置于西北、东北两面，均在佛像之后，便于朝拜瞻仰。

三层内槽中置八角坛座，高52厘米，中有束腰，每面作壶门十间，壸门柱雕作连珠，束腰下叠涩六重，各成方圆线脚，束腰上叠涩三重，比例适当，制作精细，是当时小木作中的精品。

坛座上有四尊佛像，佛像等高，螺髻，袒胸，跣足，身着袈裟，手势各不相同，均坐于各自的八角莲花座上，莲花座形式一致，均为束腰壸门座，上有莲瓣围周。壸门内塑有驮兽，亦各有异。此四佛像面向木塔的四个正门，为四方佛，据华严经所述名位，当为东方阿閦佛，西方弥陀佛，南方宝生佛，北方成就佛。三层上下楼梯口置于西北、东南二面，便于围绕内槽环行瞻仰。

四层内槽中设方形坛座，坛座北半部中间塑一尊高大佛像，两侧两胁侍菩萨。主尊佛像螺髻，袒胸跣足，身着袈裟，手势与一层释迦佛相同，西侧侍立僧人为年少者，东侧损坏无存，根据此布置，本尊当为释迦佛，两侧似为阿难、迦叶；南半部在左右塑狮、象坐骑，上驮莲花座，座上塑文殊、普贤二菩萨，在两坐骑里侧塑牵狮童子撩蛮及牵象童子佛林。这是佛殿中常见的一佛二菩萨格局。在1974年检查各层塑造残缺情况时，发现本层主佛像胸腹部有塑像时入藏之经卷、法物，经清理修复共有

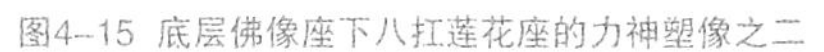

图4–15 底层佛像座下八扛莲花座的力神塑像之二

图4–16 底层佛像座下八扛莲花座的力神塑像之三

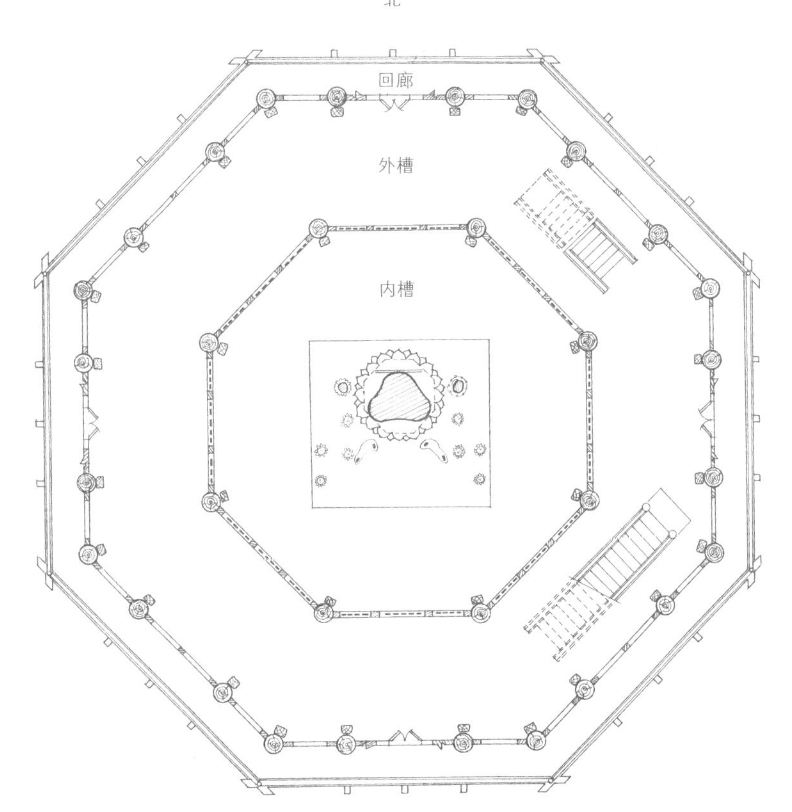

图4-17 各层平面示意图

图4-18a 一层藻井仰视图

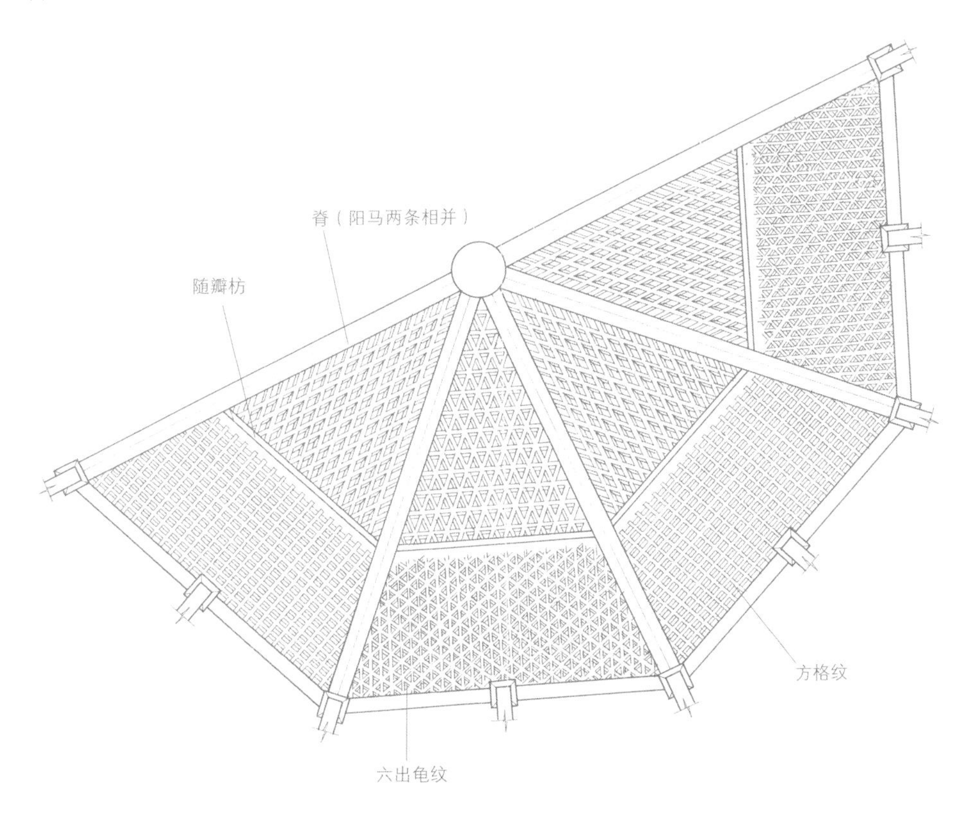

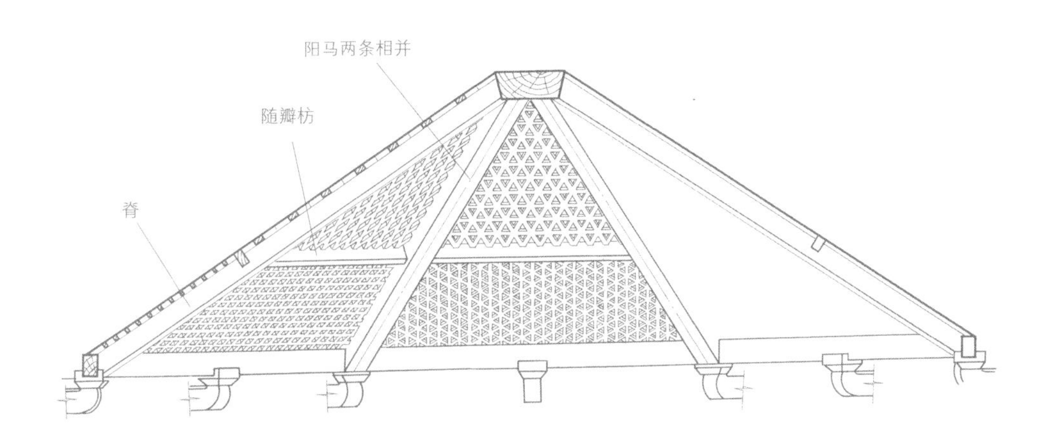

图4-18b 一层藻井平视图

文物160件（包括二层主像内发现者），有辽代刻版的大藏经（简称辽藏）及其他刻经、写经、杂刻、彩绘及彩印挂像舍利佛牙及佛释七珍等，文物价值极高。

五层内槽中设一较大的方形坛座，座上有九尊塑像，中心为八角莲花座上结跏趺坐有本尊佛像，螺髻，袒胸，双手握拳于胸前，身着袈裟，似为中央毗卢佛；其他八尊佛排列于前后左右，形成三排三列，塑像均为结跏趺坐式，坐下莲花，头戴花冠，衣饰、璎珞与手势各不相同，均为菩萨像，其名号尚待考证。

总计，全部塑像为34尊，以释迦佛为主，其他佛号均为释迦佛的报身、应身，或为前世佛、今世佛、未来佛的法身。而菩萨、弟子、胁侍、力神等均为释迦佛的门人弟子。塔以释迦为名，古人称之为“毗卢真境”。

五、百尺莲开

中国古代木建筑的一大特点是采用斗栱，而应县木塔所用的斗栱有54种之多，是现存古建筑中斗栱形式最多的一座，而且斗栱的做法是很多其他建筑所没有的，可以说木塔是宋、辽时期建筑的“斗栱博物馆”，是中国古建筑的精华所在。

斗栱的发展，在中国是从很古时代开始的，其起源及发展过程，历来有多种说法。从木塔的暗层和明层内外槽斗栱的做法，可以看出斗栱由原始到完善的发展过程。使人们对此有实际的了解。最初的木造房屋为用木料叠筑的井干式结构，进而发展为下部井干壁上部有悬挑的屋盖，再发展即构成下部架空上部为多层枋木复合梁，同时有悬挑屋盖的结构，再逐步形成中国古代建筑的木构架上有斗栱联系的铺作层及托撑梁架体系的完善结构。木塔暗层内槽的做法即显示了由井干式木壁向带悬挑式结构的发展，而将门和明层内槽斗栱作一对比，则可以了解到斗栱形成的过程和发展的渊源。

宋代李明仲《营造法式》总结了宋以前斗栱的做法，规定了斗栱的形制和尺寸标准，这些形制和法式，既符合结构传力和构造的要求，又经过艺术加工，充分发挥木材构件的组合功能，形成了完善的联结体。斗栱的基本构件是栱和斗，由十字交叉的栱与其下方的垫木——斗，构成了斗栱组合体。将这些基本斗栱组合体，按照一定的形式、尺度和规格层层叠合向上挑出和扩展伸开，形成一个大的斗栱

图5-1 百尺莲开匾

悬于副阶外檐西南面南次间，清乾隆丙午年（乾隆五十一年，1786年）吴法恒书。

图5-2 副阶转角铺作的斗栱
转角处斗栱三方向挑出，沿脊线方向为“出三杪”而沿两檐柃方向为“出二杪加平昂”。

组合体，习惯上称它为一朵斗栱。在同一高度的各朵斗栱的布置，其势或合或离，除结构作用外，形成建筑立面上极具艺术表现力的横向条形装饰带，特别是檐下的斗栱，像是一朵朵盛开的莲花，在巨大屋檐的阴影下熠熠生辉，对整体建筑起到装点增彩的作用。应县木塔充分展示了《营造法式》的各种斗栱形制，在内槽、外槽两方向，由于出檐深度不同，上承梁栿大小不一，各层各面变化出多种形式，把整座巨塔内外装点得更加气势非凡，丰富多彩。

木塔各部的斗栱，同一般木构建筑一样，可以分为转角铺作、柱头铺作和补间铺作三类。“铺作”是一个专用词，其含义包括了斗栱和相联系的梁枋及它们之间的铺叠关系。斗栱类型的区别主要在组成斗栱构件的铺和叠，所谓“铺”是指同一高度同一层位上各构件的平面联系，而“叠”则是指各层上下之间的叠合关系。

图5-3 底层外檐转角铺作/上图

为三方向挑出，沿脊线方向为“二杪三下昂”，沿两檐槫方向为“出四杪”。

图5-4 二层平座外檐铺作的局部/下图

图中为转角及相邻的左右两朵斗栱。中间为转角铺作，左右两侧为柱头铺作，两者均为“出三杪”。但柱头铺作为正出；而转角铺作的两翼为斜出，其沿脊线方向第三杪则为三方向挑出华栱交于一点。

图5-5 外檐转角处平座及檐下的斗栱

此两斗栱在同一平面位置，但上下高度及阳光遮挡不同，斗栱挑出及次序也不同，从明暗及阴影与上下虚实对比，衬托出斗栱在调节建筑艺术表现的优良性能。

图5-6 外檐向里的托梁斗栱

这类斗栱起平衡向外挑出的斗栱的外倾力矩作用，同时丰富了塔内各层围护面的装饰美。

转角铺作是在建筑转角之部位柱上的斗栱，由于八角形平面相邻两边的夹角为135°，在柱头上，有三组不同方向的梁枋交会，所以转角铺作向外有三个方向的挑出，而向内则是一个方向挑出。在外檐的转角铺作，要撑挑出很远的屋檐，而内槽的转角铺作只托撑交会的梁栿；随着各层出檐深度的不同，和梁栿承重的变化，木塔转角铺作的形式有15种，组成极其复杂，转角铺作的斗栱总数共有120朵，角部挑出最深的达4.5米，最浅的为3.15米。挑出层数也有五、四、三、二的差别，由于每层挑出的长度有限制，故出檐愈深，挑出的层数也愈多，这既符合木材强度的要求，又增加了挑出部分的稳定和装饰功能。角部则用一种特殊的构件“角下昂”加长挑出距离，同时也增加了角部的气势。

图5-7 内槽向外的托梁斗栱/上图

这类斗栱是调整梁与内槽柱之间的夹角变化的主要构件，在丰富内槽各面的建筑表现上，也发挥重要的功能。

图5-8 两朵斗栱之间：清淡典雅的栱眼壁画/下图

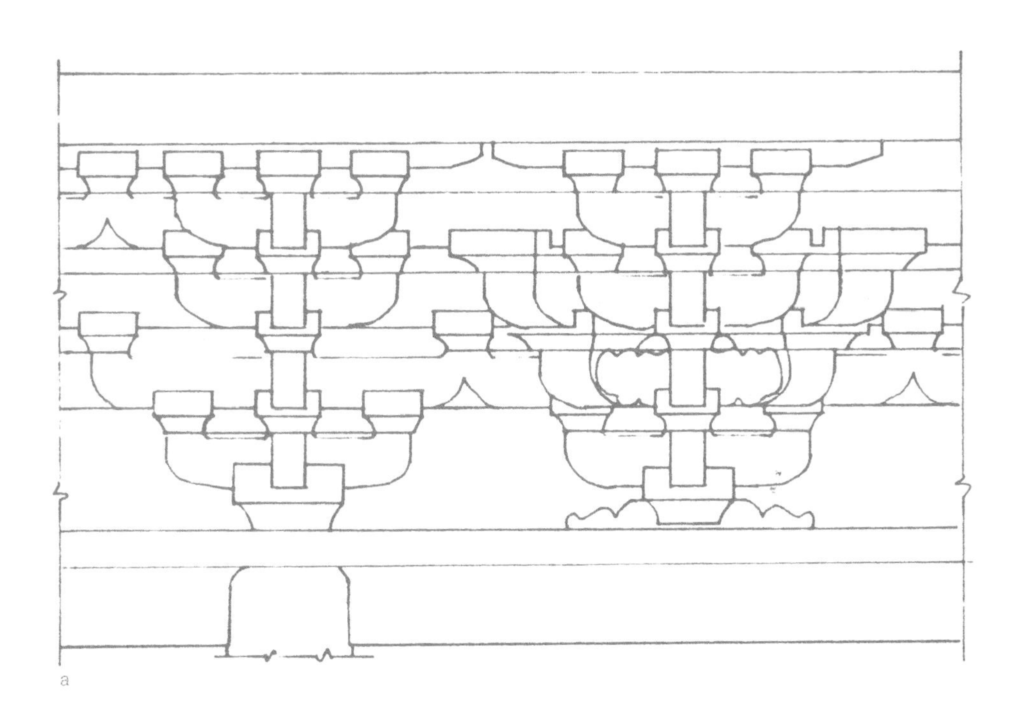

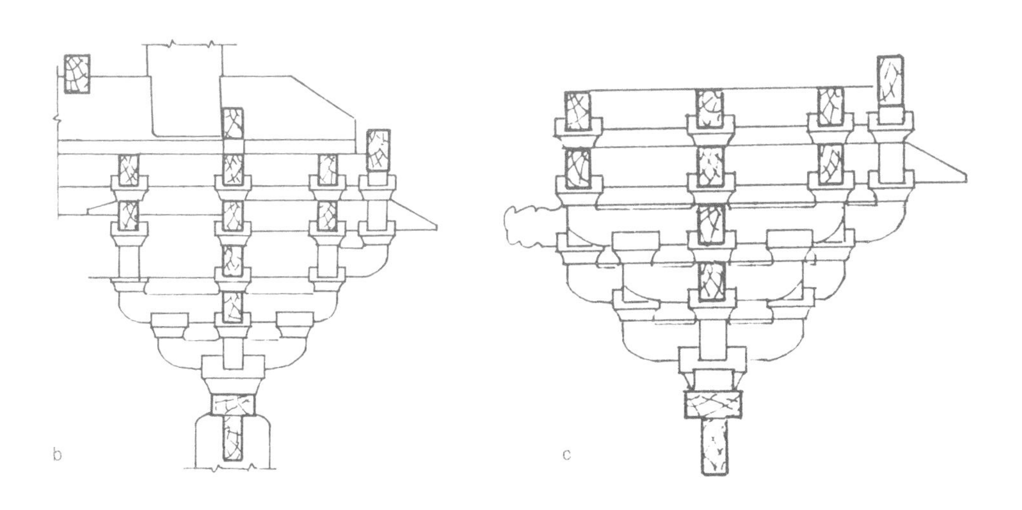

图5–9 柱头铺作及补间铺作正面图和侧剖面图

柱头铺作是在建筑平直边上的柱上斗栱，上承乳栿、外挑出檐，有左右前后正交的四组枋木交会，故斗栱呈顺、横叠文，内外两方向挑出，各层变化繁多，共有10种160朵，为其中一例。其挑出距离与转角铺作配合，使每层檐口形成柔和优美的空间曲线，而上下各层又复参差伸缩，极富动态变化之势。

补间铺作是在二柱之间，托于阑额及普拍枋上的斗栱。内外两方向挑出，外挑出檐，内部则无承托，是专为装饰而设置的。由于无承托的限制，故可以自由发挥，于是千变万化，在各层之间，外檐内槽之间，每层的不同开间之间，都有变化，共有29种，136朵，现出千姿百态，将木塔内外装点得更加流光溢彩，如同盛开的出水芙蓉，故古人称之为“百尺莲开”。

六、木德参天

图6-1 木德参天匾

悬于五层南门向里门额上，篆书有序，为乾隆时赐进士武翼大夫署北楼营参将梁山刘仕伟撰篆。

中国古代匠师不但在木构件的设计制作上积累了丰富经验，而且在选料时经济利用木材和便于操作等方面所达到的水平，也令现代人为之惊叹。应县木塔集中反映了这方面的成就。这座木塔结构复杂，构件繁多，用料量极大，估计在5000立方米以上，但归纳所有构件的用料尺寸只有六种规格，如下表所列：

名称	宋尺尺寸	折合现代尺寸	使用部位
松柱	长二丈八尺至二丈三尺 径二尺至一尺五寸	长9.21—7.56米 直径66—49厘米	柱
长方	长四丈至三丈二尺 广二尺至一尺五寸 厚一尺五寸至一尺二寸	长13.16—9.67米 宽66—49厘米 厚49—39.5厘米	大梁及通长构件
松方	长二丈八尺至二丈三尺 广二尺至一尺四寸 厚一尺二寸至九寸	长9.21—7.56米 宽66—46厘米 厚39.5—29.7厘米	平梁
材子枋	长一丈八尺至一丈六尺 广一尺二寸至一尺 厚八寸至六寸	长5. 92—5.26米 宽39.5—33厘米 厚26—20厘米	枋及常用构件、斗栱大件
常使方八枋	长一丈五尺至一丈三尺 广八寸至六寸 厚五寸至四寸	长4.93—4.28米 宽26—20厘米 厚16.5—13厘米	斗栱、门窗
椽	径五寸至四寸 长一丈一尺至九尺	直径16.5—13厘米 长3.29—2.96米	椽、飞等小料

以上六种规格的木料即满足了千余构件的需要，用现代力学的观点看，每种规格的尺寸，均能符合受力特性，是近乎优化选择的尺寸，这是一大特点。

用小规格木料造大建筑物是又一特点。全塔使用的大规格料最少，避免了大材小用。如最大规格料为长方，在整个木塔中，仅占用料总量的1%。这些都充分说明了中国古代建筑采用“尺寸规格化”和“用料标准化”的优点和成就。

图6-2 暗层支撑

在各层暗层中，分别于径向和弦向加设了方木斜撑，将梁柱结构加强，起到了如同现代桁架结构的作用。

木塔的结构体系也是很有特点的。第一要用小规格的木料组成宏大的塔身，第二塔内要有宽阔的空间，第三要保证塔身有足够的稳定

图6-3 斗栱斜出的最早实例

内槽明层补间铺作的大斜出斗栱及暗层柱间支撑，是国内斗栱斜出的最早实例。

性，第四要在施工中能形成便于工作及运输的脚手。木塔的建造者巧妙地解决了这一难题，采用了分层叠合的双套筒结构。如同杂技中的叠桌子一样，将一层层的桌子叠高。每一个暗层和明层如同一层桌子，桌腿即为明层柱子，有较宽阔的空间；桌子上部的横挡即为暗层的梁枋及支撑体系，形成一个刚性的结构层，起到保证稳定的作用；桌面即为楼面，起到承托楼面荷重和分隔上下的作用。五层如同五张桌子叠高，这样每层高度都不大，用料规格较小。在架设过程中并不需要另搭高大的脚手架，而是架好的底层即可作为上层的工作台及运输架，所以每层的架设都如同架设单层结构一样，很是方便。施工中的垂直运输，利用塔的内槽柱以内形成的八角形井筒，此井筒在每层只有两根大梁联系，而无其他构件遮挡，经尺寸校核，其最大空距恰好能将各层最长构件起吊上去。当整体结构建成后，再将各层楼板安装。为防止柱子产生滑移，在柱的根部做了骑榫，骑在枋木上，称为“叉柱造”。明层与暗层的相叠。

木塔结构虽然如上述比拟，但由于塔身巨大，荷载较重，所以保证在各种不同受力状态下的坚固稳定，还是很重要的。木塔各层的梁枋起到联系本层各柱的作用，形成整体，使柱子之间保持稳定的关系，不发生偏斜和歪闪。在明层用斗栱联结梁和柱，使内外槽之间的梁柱形成可以调整相互变形的框架，这种体系比近代的刚节点框架，有更大的优点。在两明层之间的暗层内，加强了结构的联结和限制变

图6-4 斗栱做法上的孤例/左图

内槽明层转角铺作的斗栱及托起的梁栿，是斗栱做法上的一个孤例。

图6-5 斗栱做法的多种变化/右图

内槽明层补间铺作的小斜出斗栱及暗层柱间支撑，可看出斗栱做法的多种变化。

形，使暗层刚度大大超过明层，形成一刚性层。这样刚柔相间，如同竹竿有竹节一样，有效地限制了结构的变形，保持了整体作用，增强了抵抗能力。木塔在建成后的近千年的岁月中，除了承受自身重量外，还需承受不同情况的外加荷载和突然作用的自然灾害等。估计塔身自重约为3000吨，上塔人数最多可达1500人以上，合计竖向最大荷载，当在3500吨左右，每柱承受达110吨之多。但这还不是最大负荷，历史上曾经历过大风、地震、炮击等多种突然作用，其中以地震为最重。木塔从建成到1991年，共记录有影响的地震有41次之多，其中达到烈度7度的有2次，6—6.9度的有6次，5—5.9度的有9次左右，4—4.9度的约20余次。最大的一次为元大德九年乙酉（1305年5月11日），震中位置在怀仁县城东25里，震级为6.5级，木塔距震中10余公里，对木塔影响最大。另一次是明天启六年六月初五（1626年6月28日），震中位置在灵丘，震级为7级，震中距木塔90余公里。这两次地震，邻近建筑损坏甚多，而木塔虽稍有损伤，但仍屹然壁立，显示出木塔结构的优良抗御能力。可以评价木塔历史上曾抗御烈度达7度的地震，只遭受不大的损伤。另外，木塔还遭到两次炮击，每次均被数十发炮弹击中，弹痕累累，而塔未倾圮。观此不能不为其结构性能之优良而赞叹。

木塔结构优良性能的特点有三：一是暗层刚性加强，四个暗层形成四道箍，在径向及弦向都增加了斜撑，使各构件相互间不会产生位移，加强了整体性，提高了竖向和水平的抗御能力。

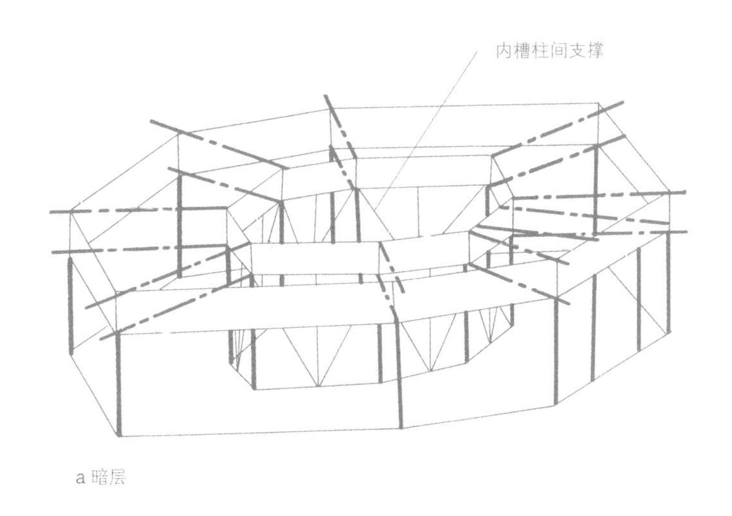

a 暗层

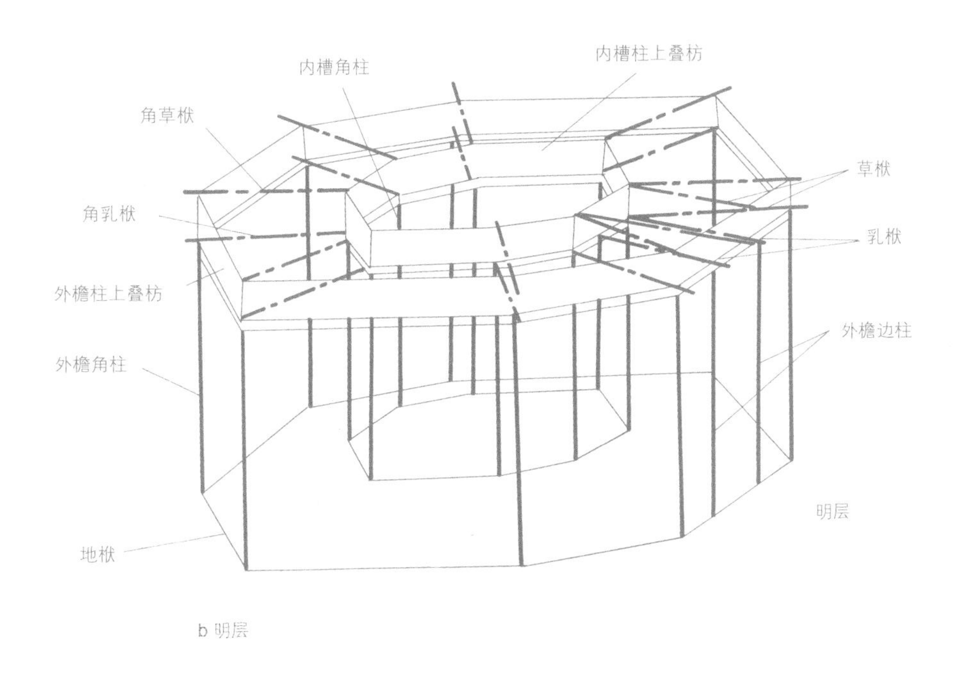

b 明层

图6-6 应县木塔各层内外槽结构示意图

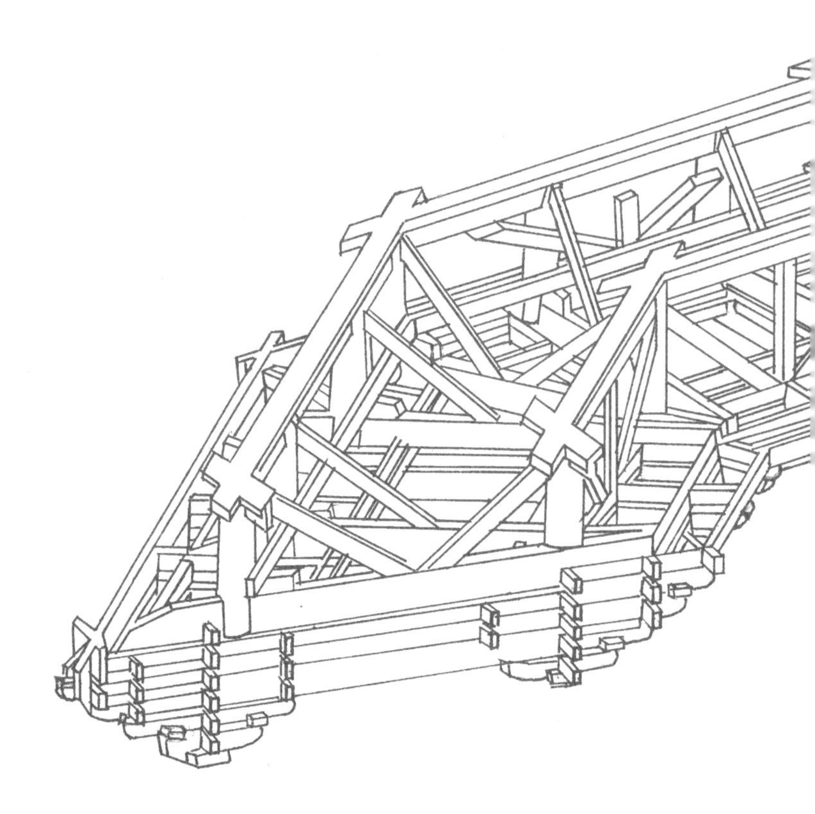

二是内部受力均匀，内外槽柱子数目虽不相同，内槽8柱，外槽24柱，但竖向荷载的分配和传递却使各柱受力相差不大。各层瓦顶檐口重量全由外檐柱承担，内槽柱只承担屋顶及楼面传来的部分荷载。而当木塔承受风和地震等水平作用时，负荷都由外檐柱承担。

在底层四周又增加了24根副阶柱，这些副阶柱纯为扶持塔的水平受力。当仔细观察时，会发现这24根柱有的柱底并不压紧在柱础上，而且这些松弛的柱的位置经常在改变，故有人说“木塔的柱在轮流休息”。其实是由于塔的水平受力经常改变方向，使副阶柱的一侧压紧，另一侧松弛。

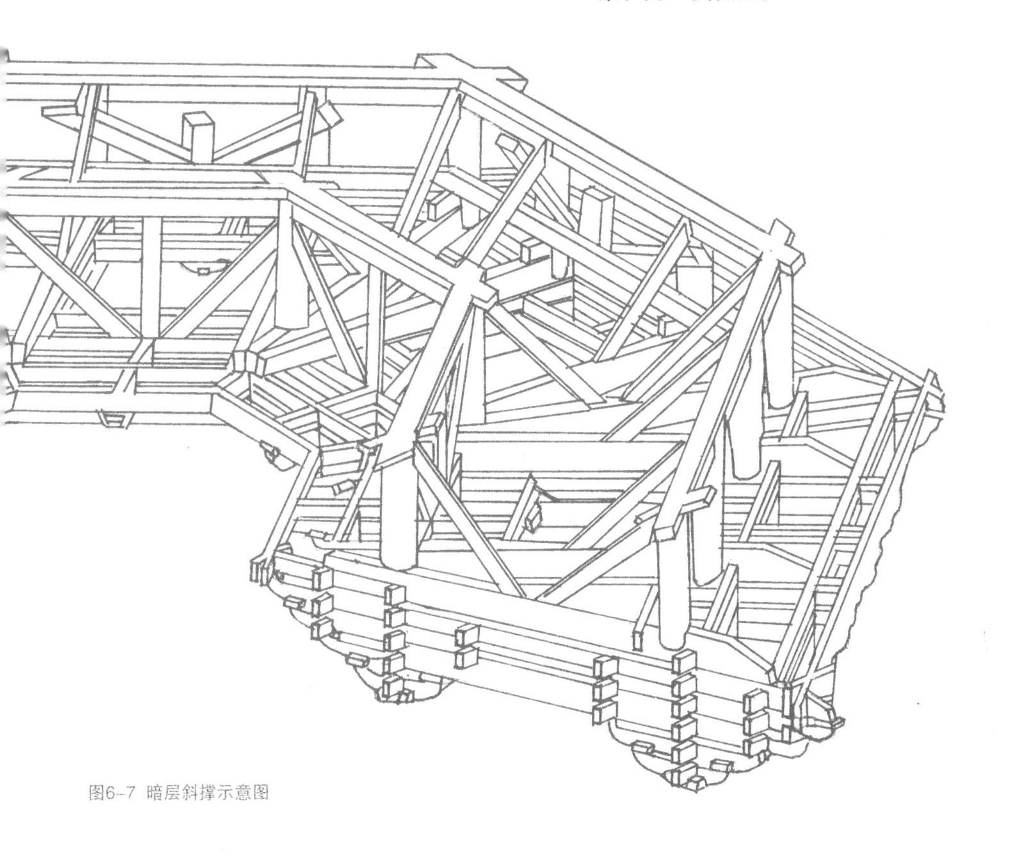

图6–7 暗层斜撑示意图

三是斗栱的调节作用，在有水平力作用时，柱头两侧的斗栱变形，一侧压紧，另一侧即放松，受力愈大，两侧紧松差异愈大，压紧的斗栱则阻止柱梁间角度变化，防止柱的严重倾斜；当受力很大时，使斗栱的小构件发生一些劈裂、扭歪、弯折、滑移等不可恢复的小损坏，因而吸收了很大的动能，使对主体结构的作用力减小，不致影响到整体结构的稳定。这些特性的发挥，使木结构在建造高大建筑上显示其优点。古人称颂“木德参天”。

木塔虽保持良好的性能，但毕竟年代久远，受气候侵蚀、木材老化、自然灾害、鸟兽虫及人为损坏影响，已产生了一些损伤和变形。据20世纪70年代的测量，各层都有不同程度的歪斜及扭转。概略地说：二层向北偏东40°，斜出12.2厘米；三层向北偏东81°，斜出20.8厘米；四层向北偏东54°，斜出21.3厘米；五层向北偏东20°，斜出30.2厘米；其莲花座向北偏东24°，斜出45.2厘米。随着今后的岁月更替，这些损坏和变形还会继续发展，所以，加强对木塔的保护维修，使其延年益寿，成为一大课题。

七、天下奇观

武宗毅皇帝御題
奇觀

天
萬曆四十一年五月端陽日
金城

图7-1 天下奇观匾/前页

左右立牌东金城西雁塔悬于四层外檐下正面，明正德三年（1508年）武宗皇帝朱厚照游幸应州，登塔观赏并在塔上宴赏，御笔亲书。

这座高大的建筑，像一个巨人俯视着苍茫大地，成为雁门关外遐迩闻名的标志物，一个令人赞叹不已的景观。在一望无际的平原上，无论阴晴晨昏，风云雪雾，木塔都会展现出极不相同的风貌，供人观赏。

晴朗天气，在10公里以外，人们即可看到它的雄姿。当外出的游子回乡返里，在风尘仆仆的归途中远远地看到故乡熟悉的塔影，会倍感亲切。远方游客，经南山公路，峰回路转走出山口，塔影逐渐由小而大，在碧空旷野的映衬下，由朦胧而清晰，是一首由远及近的乐曲，在敲打着人们的心弦。

当晨光微曦，炊烟徐升之际，巍峨巨塔笼罩在烟霭之中，接着朝阳闪出，红霞满天，塔的刹顶及上层屋角在霞光中展现，下部仍处于朦胧之中，有如中国画中的天宫楼阁，是一大奇景。

在皓月当空万籁俱寂之时，木塔深沉凝重的身影，浸在如水的月光中，再和以微风拂动檐角的铃声，仿佛天国传来的梵音，时断时续，令人心神陶醉。

图7-2 阳光照耀下斗栱阴影/上图
阳光照耀下，各层斗栱在屋檐的阴影下，像一朵朵盛开的莲花，熠熠生辉。

图7-3 檐下斗栱带及平座斗栱带明暗对比/下图
檐下斗栱带及平座斗栱带，凸凹相间，明暗对比，显示塔身虚实变化，用光线烘托丰富塔的艺术内涵。

当无月晴夜，繁星满天，在低矮的屋群中，拔地而起的高塔有如插入苍穹的山峰，塔刹尖顶直指北辰，星空笼罩四野，整个苍天似在围绕着木塔旋转，此情此景，能不令人感到壮观！

在夏日的晴空，飘来几片白云，衬着清净碧蓝的天空，当凝视塔顶和白云时，会感到塔在云间运动，仿佛自身也随着高塔在白云蓝天间遨游了。

当白雪皑皑，屋檐上铺积的雪有如玉砌冰雕，衬托着古色古香的勾栏户牖，赭白交叠层层相映，别有一种银装素裹的情趣。若雪后初晴，在阳光照射下，雪光塔影交相辉映，塔的轮廓也格外清晰，格外明亮，这个奇景令人精神振奋。

在狂风大作，飞沙走石，漫天黄尘，日色无光之际，木塔迎风而立，岿然不动。只见檐角塔铃摆动，铃声大作，似呼喊，似嘶鸣，人们从木塔景象中看到了一种抗御残暴、坚贞不屈的中华民族性格。

春和日暖之际，冰消雪融，在塔后有一池春水，清澈明亮，木塔倒影水中，这是摄影家取景的绝妙机会。当微风吹来，池水皱起，塔影变成一层层波动的曲线，常常使诗人画家情不自禁地讴歌泼墨。

此外，雾中观塔，雨后彩虹罩塔，皆妙趣横生，但都是可遇而不可求的。

塔外观赏难以尽言，登塔观赏则更加多彩。木塔底层入口及内槽是一个庄严肃穆的宗教空间，磬鱼声声，香烟缭绕，烛光闪闪，高大佛像及生动壁画令人目不暇接，当通过黑暗而高大的楼梯进入塔上各层时，随着观赏点的变化，既可以看到佛坛神像及其上部的旗幡招带， 又可以看到梁、柱、栱、昂的建筑美，每移动一位置或换一角度就有一番情趣。

图7-4 五层平阁的彩绘天花板

若走到每层外廊，倚栏远眺，城内街道市场，城外田亩阡陌，南面逶迤的恒山，北面突出的龙首山，西边静淌着叠干河，东边映耀着水库湖光，城乡山河尽收眼底；登塔还可以观日出，览夕阳，千里穷目，无不使人心旷神怡，古人为此而题匾“天下奇观”。

八、建塔缘由

当饱览景观后，必然会提出这样的问题：如此宏伟的建筑是谁建造的？为什么要造这样的建筑？但现有的资料缺少完整的记载。据现在能收集到的文献，最早的为明万历二十七年（1599年）刊印的《重修应州志》，在卷六有田蕙所撰《重修佛宫寺释迦塔记》，文中称："……尝疑是塔之来久远，当缔造时费将巨万，而难一碑记耶？索之仅得石一片，上书《辽清宁二年田和尚奉敕募建》数字而已，无他文词。"可知在四百多年前，对建塔历史已无法考证了。但田蕙所索得的石片，在有关木塔的其他文章中均未见记载，田蕙以后，此石也不存在，所记文字既未说明书写时间及书写者，而且年代称号及和尚名称，都不符合当时常规，故有人怀疑田蕙故弄玄虚。经仔细寻觅，发现三层正面悬挂的释迦塔塔牌是金明昌五年（1194年）所建，牌面除释迦塔三个大字外，尚有题记250余字，是由金明昌五年（1194年）、六年（1195年）、元乃马真后三年（原题为甲辰季，1244年）、元延祐七年（1320年）、明正统元年（1436年）、明成化七年（1471年）共六次书写，分别记载了塔在277年间的修建简要记录及塔牌的重装记录，应该是木塔修建的最可靠记录。据此牌记，可以确认木塔始建于辽清宁二年（1056年）。而木塔的建造缘由，尚待探索研究。

建塔自然是与当时的社会背景分不开的。公元936年石敬瑭割燕云十六州贿辽后，应州即和南面的后汉、后周、宋分割对峙，前后达数十年。在辽圣宗统和四年（986年），辽宋之间有一次大战，即传说中的杨家将的故事。后来战争结束，从辽宋议和到建塔时约有50余年无战事，休养生息，经济稳定发展，故建塔有适当的经济基础。但如此巨大的工程，绝不可能由募集化缘而成，也不可能由民间集资兴建，只有帝王贵族能有此力量兴建这一伟业。而辽代帝王贵族中与应州有关系的人则为圣宗皇后萧氏，其弟枢密楚王萧孝穆，及兴宗皇后萧孝穆之女等。据《契丹国志·后妃传》载："兴宗皇后应州人，法天皇后弟、枢密楚王萧孝穆之女也。"萧氏家族是一个十分显赫的皇族，其父追封陈王，三兄弟皆封王，姊妹封国夫人。弟徒古彻娶燕国公主，兄解里娶平阳公主，陈六（即萧孝穆）娶南阳公主，皆拜驸马都尉。这样一个贵极家族，是具有建造如此巨大工程的财力的。

为什么要建塔呢？现尚未找到确凿的依据。但对比同时期的内蒙古巴林右旗的辽庆州释迦佛舍利塔（俗称白塔）的记载，可以看出一些端倪。庆州白塔始建于辽兴宗重熙十六年（1047年），比应县木塔早约10年，据建塔碑铭记载是由"章圣皇太后特建"。章圣皇太后即圣宗皇后，兴宗生母，也就是萧孝穆的姐姐，兴宗皇后的姑姑。 圣宗死后，这位皇太后欲总揽朝政。重熙三年（1034年），又企图废兴宗立其少子重元，因事未成而获罪。"帝收太后符玺迁于庆州七括宫"，让她长期"躬守庆陵"。数年后，兴宗受佛教《报恩经》的感悟将皇太后迎回宫中。有此一段守陵敬佛经历，所以才有皇太后特建宝塔的盛举。到她的孙子继位，又兴建应州木塔，所以木塔的建造缺乏记载很有可能与皇家贵族的活动有关。

据契丹女真史家张畅耕研究，木塔首层内槽南北门的门额照壁板上的六位供养人，从衣饰、风貌上考证，应为辽国萧氏家族中人。其中南门额上的三位女供养人应为圣宗钦爱皇后、兴宗仁懿皇后、道宗宣懿皇后，这三位皇后是萧氏家族的三代，故可称为一门三后。而北门额上的三位男供养人应为辽代晋王萧孝穆、陈王萧知足、楚王萧无曲，可称作一家三王。如此萧氏家族一门三后、一家三王作为木塔佛像的供养人，则木塔的兴建，必与其有密切关系。至于其中缘由，则需历史学家多方探索。以上估测，存疑待考。

大事年表

朝代	年号	公元纪年	大事记
辽	清宁二年	1056年	“大辽清宁二年特建宝塔”（三层释迦塔牌题记）
金	明昌二年	1191年	“增修益院”（《田志卷二营建志》）
	明昌五年	1194年	新建释迦塔“明昌五年七月十五日建”（三层释迦塔牌题记）
	明昌六年	1195年	“大金明昌六年增修益完”（三层释迦塔牌题记）
元	大德九年	1305年	大同怀仁一带地震，震级6.5，震中39.6° N，113.1° E（中国地震目录）四月己酉大同路地震有声如雷，坏庐舍五千八百，压死者一千四百余人（《元史五行志》）
	延祐七年	1320年	维大元国延祐七年岁次庚申四月辛巳朔一日庚戌特奉敕监造官荣禄大夫平章政事阿里伯重建（三层释迦塔牌题记）
	至治三年	1323年	英宗硕德八剌皇帝幸五台经过登塔，敕彰国军节度使妆金诸佛（《田志营建志》）
	至元三年	1337年	1337年9月8日河北怀来地震，震级6.5，震中40.64° N，115.7° E（中国地震目录）
	至正十三年	1353年	立宝宫寺十六代传法嗣云泉普润禅师墓塔，重刻大金重修宝宫寺常住地土碑记（塔内八角石幢）

朝代	年号	公元纪年	大事记
元	至正二十七年	1367年	元顺帝时，地大震七日，塔屹然不动（《田志营建志》）
明	永乐四年	1406年	成祖北征驻跸塔上亲笔峻极神功（《田志营建志》）
	正统元年	1436年	七月吉日重装（《三层释迦塔牌题记》）
	天顺八年	1464年	铸南月台上铁鼎
	成化七年	1471年	七月吉日功德主阎福贵重妆（《三层释迦塔牌题记》）
	成化二十年	1484年	1484年1月29日北京居庸关一带地震，震级6.7，震中40.4° N，116.1° E（中国地震目录）
	弘治三年	1490年	薛敬之书五层“望嵩”、“翫海”、“挂月”、“拱辰”匾。作释迦塔字跋（嵌于塔副阶墙上）
	弘治十四年	1501年	四月应州黑风大作（《应州续志·灾祥》）
	正德三年	1508年	武庙游幸至州，登塔宴赏，御题天下奇观。出帑金命镇守太监周善修补（《田志营建志》）
	正德八年	1513年	刘祥作登塔诗（嵌于塔副阶墙上）
	正德十二年	1517年	重装佛像（二、三层牌记）

朝代	年号	公元纪年	大事记
明	万历七年	1579年	寺僧明慈乡人陈麟等募资金重修（《田志营建志》），作南月台上铁幢
	万历九年	1581年	5月18日蔚县广灵间地震，震级6，震中39.8° N，113.8° E（中国地震目录）
	万历十一年	1583年	“……金元迄我明，大震凡七，而塔历屡震屹然壁立，……”（《田志艺文志》）
	万历二十二年	1594年	铸山门前铁狮一对
	万历二十九年	1601年	张烨作登塔诗（嵌于塔副阶墙上）
	万历四十六年	1618年	11月16日蔚县广灵间地震，震级6，震中39.8° N，114.5° E（中国地震目录）
	天启二年	1622年	铸钟楼铁钟
	天启六年	1626年	6月28日灵丘地震，震级7，震中39. 4° N，114.2° E（中国地震目录）
清	康熙十七年	1678年	9月3日三河平谷间地震，震级8，震中40.1° N，117° E（中国地震目录）
	康熙二十二年	1683年	11月22日原平地震，震级7，震中38.7° N，112. 7° E（中国地震目录）

朝代	年号	公元纪年	大事记
清	康熙五十九年	1720年	7月12日沙城地震，震级6.7，震中40.4° N，115. 5° E（中国地震目录）
	康熙六十一年	1722年	知州章弘重修（月台南面碑记，塔内各层匾记，《应州志》）
	光绪十三年	1887年	重修二檐佛像坐下暗檐中椽损坏（二层牌记）
	光绪二十年	1894年	重贴金神彩塑佛像（二层牌记）
	光绪三十四年	1908年	重妆释迦佛金身（二层、五层牌记）
中华民国	15年	1926年	晋国一战塔之上下被炮轰击二百余弹（五层牌记重修序）
	17年至18年	1928-1929年	大行禅师募集，绅商重修（二层、五层重修匾记）
	22年	1933年	大行禅师募集，绅商重修（二层、五层、重修匾记）；梁思成、刘敦桢两教授组织调查测量
	24年	1935年	莫宗江绘成1：50实测图
	32年	1943年	陈明达绘制1：20详图
	37年	1948年	炮弹击中塔数十发

图书在版编目（CIP）数据

应县木塔 / 李世温等撰文 / 李瑞芝摄影. —北京：中国建筑工业出版社，2013.10（2024.11重印）
（中国精致建筑100）
ISBN 978-7-112-14859-2

Ⅰ. ①应… Ⅱ. ①李… ②李… Ⅲ. ①佛塔–建筑艺术–应县–图集 Ⅳ. ① TU-885

中国版本图书馆CIP 数据核字（2013）第190511号

责任编辑：董苏华 张惠珍 孙立波
技术编辑：李建云 赵子宽
图片编辑：张振光
美术编辑：赵 清 康 羽
书籍设计：瀚清堂·赵 清 周伟伟 康 羽
责任校对：张慧丽 陈晶晶 关 健
图文统筹：廖晓明 孙 梅 骆毓华
责任印制：郭希增 臧红心
材料统筹：方承艺

中国精致建筑100

应县木塔

李世温 李庆玲 撰文/李瑞芝 摄影

中国建筑工业出版社出版、发行（北京西郊百万庄）
各地新华书店、建筑书店经销
南京瀚清堂设计有限公司制版
北京富诚彩色印刷有限公司印刷

开本：889×710 毫米 1/32 印张：$2^{3}/_{4}$ 插页：1 字数：120 千字
2015年9月第一版 2024年11月第三次印刷
定价：**48.00**元
ISBN 978-7-112-14859-2
（24309）